优秀技术工人
百工百法丛书

张宿义工作法

浓香型白酒品质提升

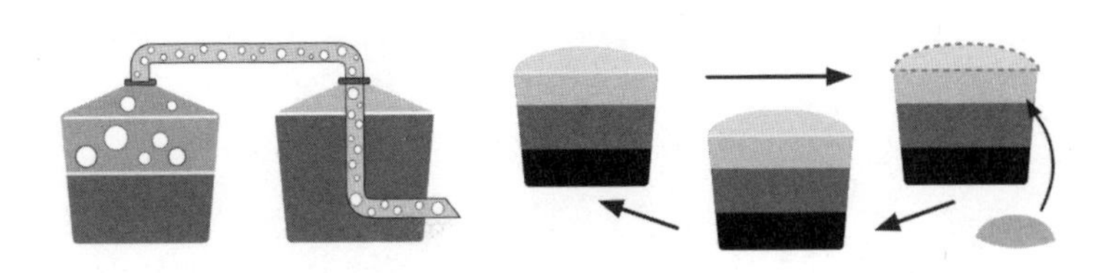

中华全国总工会 组织编写

张宿义 著

中国工人出版社

技术工人队伍是支撑中国制造、中国创造的重要力量。我国工人阶级和广大劳动群众要大力弘扬劳模精神、劳动精神、工匠精神，适应当今世界科技革命和产业变革的需要，勤学苦练、深入钻研，勇于创新、敢为人先，不断提高技术技能水平，为推动高质量发展、实施制造强国战略、全面建设社会主义现代化国家贡献智慧和力量。

——习近平致首届大国工匠创新交流大会的贺信

优秀技术工人百工百法丛书

编委会

优秀技术工人百工百法丛书

财贸轻纺烟草卷

编委会

序

党的二十大擘画了全面建设社会主义现代化国家、全面推进中华民族伟大复兴的宏伟蓝图。要把宏伟蓝图变成美好现实，根本上要靠包括工人阶级在内的全体人民的劳动、创造、奉献，高质量发展更离不开一支高素质的技术工人队伍。

党中央高度重视弘扬工匠精神和培养大国工匠。习近平总书记专门致信祝贺首届大国工匠创新交流大会，特别强调“技术工人队伍是支撑中国制造、中国创造的重要力量”，要求工人阶级和广大劳动群众要“适应当今世界科技革命和产业变革的需要，勤学苦练、深入钻研，勇于创新、敢为人先，不断提高技术技能水平”。这些亲切关怀和殷殷厚望，激励鼓舞着亿万职工群众弘扬劳模精神、劳动精神、工匠精神，奋进新征程、建功新时代。

近年来，全国各级工会认真学习贯彻习近平总书记关于工人阶级和工会工作的重要论述，特别是关于产业工人队伍建设改革的重要指示和致首届大国工匠创新交流大会贺信的精神，进一步加大工匠技能人才的培养选树力度，叫响做实大国工匠品牌，不断提高广大职工的技术技能水平。以大国工匠为代表的一大批杰出技术工人，聚焦重大战略、重大工程、重大项目、重点产业，通过生产实践和技术创新活动，总结出先进的技能技法，产生了巨大的经济效益和社会效益。

深化群众性技术创新活动，开展先进操作

法总结、命名和推广，是《新时期产业工人队伍建设改革方案》的主要举措。为落实全国总工会党组书记处的指示和要求，中国工人出版社和各全国产业工会、地方工会合作，精心推出“优秀技术工人百工百法丛书”，在全国范围内总结 100 种以工匠命名的解决生产一线现场问题的先进工作法，同时运用现代信息技术手段，同步生产视频课程、线上题库、工匠专区、元宇宙工匠创新工作室等数字知识产品。这是尊重技术工人首创精神的重要体现，是工会提高职工技能素质和创新能力的有力做法，必将带动各级工会先进操作法总结、命名和推广工作形成热潮。

此次入选“优秀技术工人百工百法丛书”作者群体的工匠人才，都是全国各行各业的杰出技术工人代表。他们总结自己的技能、技法和创新方法，著书立说、宣传推广，能让更多人看到技术工人创造的经济社会价值，带动更多产业工人积极提高自身技术技能水平，更好地助力高质量发展。中小微企业对工匠人才的孵化培育能力要弱于大型企业，对技术技能的渴求更为迫切。优秀技术工人工作法的出版，以及相关数字衍生知识服务产品的推广，将对中小微企业的技术进步与快速发展起到推动作用。

当前，产业转型正日趋加快，广大职工对于技术技能水平提升的需求日益迫切。为职工群众创造更多学习最新技术技能的机会和条件，传播普及高效解决生产一线现场问题的工法、技法和创新方法，充分发挥工匠人才的“传帮带”作用，工会组织责无旁贷。希望各地工会能够总结、命名和推广更多大国工匠和优秀技术工人的先进工作法，培养更多适应经济结构优化和产业转型升级需求的高技能人才，为加快建设一支知识型、技术型、创新型劳动者大军发挥重要作用。

中华全国总工会兼职副主席、大国工匠

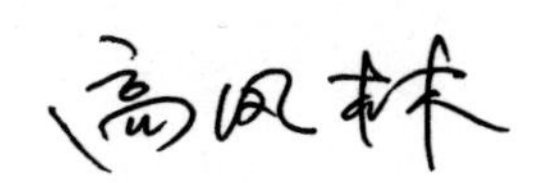

作者简介
About The Author

张宿义

1971年出生，中共党员，教授级高级工程师，博士生导师，国务院政府特殊津贴专家，国家“863计划”首席科学家，国家重点研发计划项目负责人，中国酿酒大师，中国首席白酒品酒师，全国轻工行业劳动模范，全国酿酒行业技术能手，四川省学术和技术带头人，四川工匠，四川省张宿义技能大师工作室领办人及张宿义劳模和工匠人才创新工作室带头人，泸州老窖酒传统酿制技艺第22代传承人。现任泸州老窖股份有限公司副总经理、安全环境保护总监。

自1993年参加工作以来，张宿义一直从事白酒酿造、酒体设计等相关生产技术、科研创新工作，在行业内首次创制了“基于水分含量和氧气浓度稳定控制技术的微压厌氧窖池密封装备”，发明了“基于窖泥功能微生物固定技术的白酒发酵设备”，开发了“白酒酿造副产物高值化利用技术、优质老窖泥精准复刻技术”等30余项行业关键共性技术，经济社会效益显著。主持主研国家、省部级项目34项，其中主持国家“863计划”1项，国家重点研发计划1项，工信部智能制造项目1项；获省级科技进步奖14项，行业奖励40余项，其中省部级一等奖4项；参与制定、修订国家标准13项，发表论文260余篇（SCI收录26篇），获授权专利137件（其中发明专利71件）；编写著作10部，正式出版的著作4部；开展行业培训超过30000人次，为白酒行业发展作出了突出贡献。

传承传统技法
创新酿造工艺
专于精诚，工于品质

张治义

目　　录
Contents

引　　言
Introduction

白酒是中国传统文化的重要组成部分，是历史悠久、技艺独特的中华民族传统产业。当前，新质生产力的提出，意味着我国传统产业从劳动密集型和资本密集型的经济模式，向技术驱动型和创新驱动型的经济模式转变。因此，我们必须抢抓新一轮科技革命和产业变革的发展机遇，加快形成发展新质生产力，为构建传统产业新发展格局、实现传统产品高质量发展注入强大动力。

品质是产品的基石。在白酒酿造的数百道工序中，任何一个环节操作的好坏都将影响白酒品质。生产优质的浓香型白酒，需要得天独厚的酿造环境、酿酒工艺、制曲工艺、优质窖泥、勾调技艺等条件。作为中国白酒的典型代表和浓香鼻祖，泸州老窖积极贯彻落实国家提出的以科技创新推动产业创新，引领产业高质量发展，以新质生产力和前沿技术催生新产业、新模式、新动能的要求，在生产技术、品质提升等方面开展了一系列原创性、引领性的科研创新，推动我国白酒产业的高质量发展。

本书主要阐述笔者及泸州老窖技术科研团队多年来在酿酒生产技术、白酒品质提升等技术攻坚过程中，对于行业关键技术难题的解决办法和实施效果，以及在这一系列难题的解决过程中积累的创新心得和经验，仅供大家参考。

第一讲

浓香型白酒生产工艺概述

浓香型白酒以粮谷为原料，中温大曲为糖化发酵剂，经泥窖固态发酵，固态蒸馏，陈酿、勾调而成。它是经过酒曲、窖泥以及周围环境中的多种微生物协同作用，对原料中的淀粉、蛋白质等物质进行多种生化反应，发酵生成乙醇和众多香味成分，再经蒸馏提取得到的具有独特风格的白酒。

白酒酿造机理非常复杂，主要包含乙醇发酵机理和各种呈香呈味物质生成机理，其原理见图1。各种香型白酒的乙醇发酵机理基本相同，但在呈香呈味物质的形成途径和含量上有所差异。

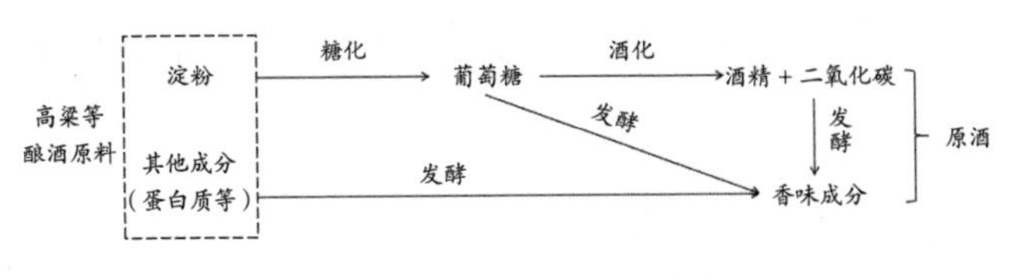

图1 白酒酿造原理示意图

一、基本原理

1. 淀粉的糖化

淀粉在淀粉酶的作用下生成可发酵性糖及其中间产物的过程称为糖化。淀粉水解成葡萄糖的总反应式为：

$$(C_6H_{10}O_5)_n + nH_2O \xrightarrow{\text{淀粉酶}} nC_6H_{12}O_6$$

原料经粉碎、蒸煮、摊晾拌曲后，便进入糖化过程。淀粉糖化主要依赖于淀粉酶的作用。淀粉酶是一类对淀粉起水解作用的酶的总称，主要有 α－淀粉酶、β－淀粉酶、麦芽糖酶、糖化酶、异淀粉酶等。淀粉酶能使淀粉长链不断减短，直至水解为葡萄糖为止。浓香型白酒生产中的淀粉酶主要来源于大曲。在大曲多种淀粉酶的协同作用下，大分子淀粉被不断水解成小分子糊精、寡糖，直至葡萄糖。糖化过程见图 2。

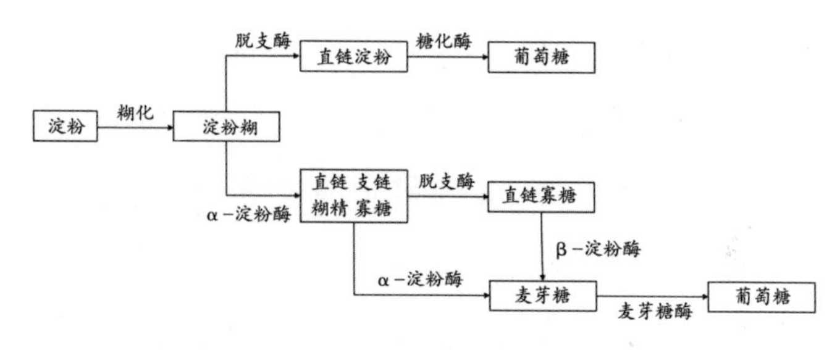

图 2　淀粉糖化示意图

2. 葡萄糖的酒化

葡萄糖酒化是指可发酵性糖在酵母菌等微生物所分泌的酒化酶作用下，生成乙醇和二氧化碳的过程。葡萄糖酒化的总反应式为：

$$C_6H_{12}O_6+2ADP+2H_3PO_4 \xrightarrow{\text{酒化酶}} 2C_2H_5OH+2CO_2+2ATP+2H_2O$$

酒化酶是从葡萄糖到生成乙醇的一系列生化反应中各种酶及辅酶的总称，主要包括己糖磷酸化酶、氧化还原酶、烯醇化酶等。

酵母菌分解葡萄糖，在有氧和无氧条件下的最终产物是不同的。有氧条件下，最终产物是二氧化碳和水，同时产生组成细胞物质的中间产物和维持酵母菌生命活动所需的大量能量，酵母菌进行菌体生产、繁殖。无氧条件下，最终产物是乙醇、二氧化碳和水，同时产生少量能量。浓香型白酒生产过程中，入窖密封后，酵母菌先利用母糟空隙中夹带的空气进行有氧呼吸，开始大量地生长、繁殖，达到足够多的数量，以满足后续的酒精发酵需要。随着氧气的消耗、二氧化碳的生成，逐渐形成无氧环境，这时酵母菌便转入酒精发酵，酒精发酵主要是在入窖后的 3~15 天完成。

3. 呈香呈味物质的形成

白酒中除乙醇和水外，还含有 1%~2% 的呈香呈味物质。虽然它们含量很少，但种类繁多。正是这些微量成分含量、比例的差异，才构成了风格各异的不同香型白酒。呈香呈味物质除原料直接带来的部分外，大部分是伴随酒精发酵，在众多微生物的协同作用下，经复杂的生化反应，生成的酸、醇、醛、酮、酯、芳香族化合物，以及少量的含氮化合物、含硫化合物等。

二、工艺流程

浓香型白酒工艺流程，见图 3。

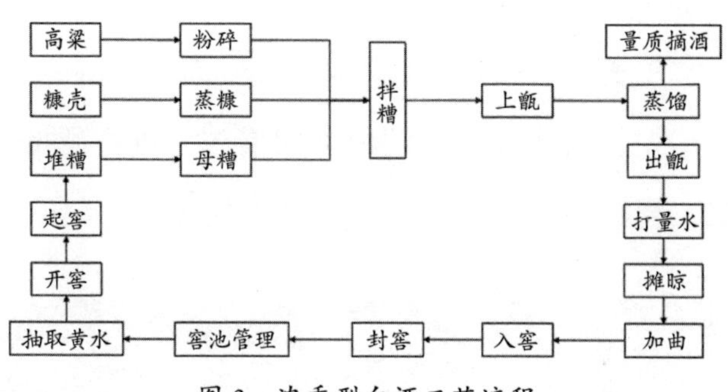

图 3　浓香型白酒工艺流程

1. 抽取黄水

发酵过程中产生的大量水，以及入窖时添加的部分水，随着发酵的进行而沉降到窖池底部。这部分水溶有发酵产生的酸、醇、醛、酮、酯、芳香族化合物等风味组分，颜色通常为黄色，所以称为“黄水”。通过窖池的黄水抽取口，将黄水抽取至黄水暂存罐，可以降低酒糟中的水分和酸度，有利于下排配料，优质高产。

2. 开窖

将窖池表面覆盖的封窖泥剥掉，为起窖做准备（见图 4）。

3. 起窖

先起面糟并定置定位单独堆放，再将酒糟起出，置于堆糟坝，为酒糟配料做准备。

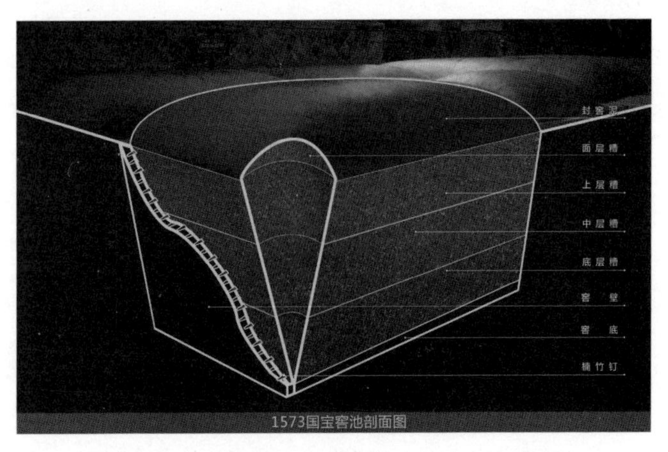

图 4　浓香型白酒发酵设备（泥窖）示意图

4. 堆糟

将起出的酒糟进行分层堆糟，逐层踩紧，以减少酒分挥发，同时保证配料时酒糟的均匀性。

5. 蒸糠

将生糠壳倒入甑桶中，清蒸糠壳30min以上，除去糠壳中异杂味、生糠味等。

6. 拌糟

将粮食、清蒸后的糠壳与酒糟进行拌和，确保拌和均匀，有利于提高蒸馏效率，保证粮食的蒸煮糊化。

7. 上甑

将拌和均匀的酒糟均匀铺撒进甑桶，做到疏松平坦，来汽一致，轻撒匀铺，探汽上甑，确保蒸馏效率和基础酒质量。

8. 蒸馏

利用酒糟中各组分的不同挥发性，用加热、汽化及冷凝的方法，将酒糟中所含的乙醇及香味成分提取出来，见图 5。

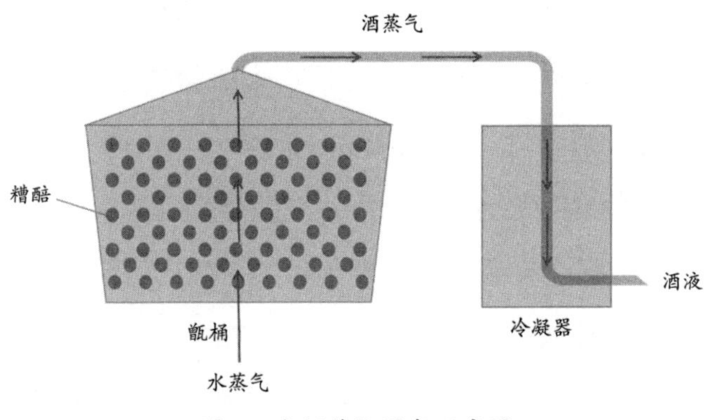

图 5 白酒蒸馏设备示意图

9. 量质摘酒

在流酒过程中，按基础酒质量分级标准进行摘取，保证基础酒质量，同时也对酒糟中的粮食进行蒸煮糊化。

10. 出甑

蒸酒蒸粮结束后，关闭蒸汽阀门，将粮糟从甑桶内起出。

11. 打量水

出甑后，向粮糟中加入一定量的热水，以补充粮糟含水量，确保入窖粮糟含水量适宜，随后转运至摊晾机。

12. 摊晾

将粮糟均匀铺撒于摊晾机上，通过调节粮糟厚度及摊晾机转速，确保粮糟摊晾至适宜的入窖温度。

13. 加曲

在摊晾机末端，向降至适宜入窖温度的粮糟中加入曲粉，并拌和均匀，确保粮糟入窖后发酵正常。

14. 入窖、封窖

将摊晾加曲后的粮糟转运至窖池中，将粮糟按工艺要求踩紧，并采用封窖泥进行封窖，提供密闭的发酵环境。

15. 发酵管理

按要求进行清护窖，定时对窖池发酵情况进行跟踪、记录。

三、生产工艺特点

1. 一年一个生产周期

一年循环生产，三个月发酵期，四次投粮，四次蒸煮，四次投曲，四次发酵，四次取酒，千年老窖万年糟（见图 6）。

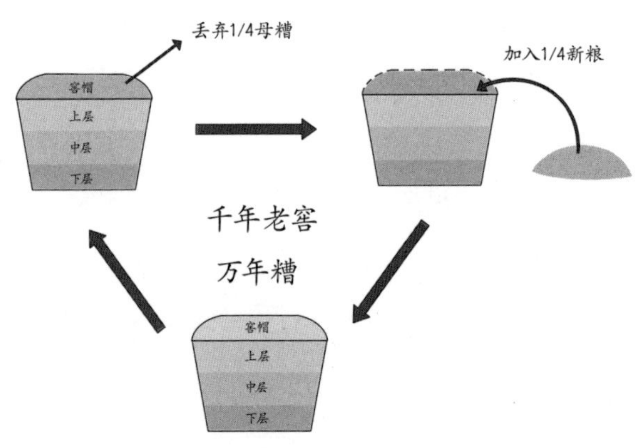

图 6　续糟配料工艺示意图

2. 二（两）种粮食

糯红高粱酿酒，软质小麦制曲。

3. 三大藏酒洞

纯阳洞、醉翁洞、龙泉洞。

4. 四季酿酒

春夏秋冬，周而复始，年复一年。

5. 五种典型酒体

窖香、陈香、浓香、醇厚、甜爽。

6. 六分法生产工艺

分层投粮、分层下曲、分层发酵、分层堆糟、分段摘酒、分级储存。

7. 七大酿酒优势

地、窖、艺、曲、水、粮、洞。

8. 八项糟醅指标

酸、淀、水、温、色、香、味、形。

9. 九字操作秘诀

匀、透、适、稳、准、细、净、低、柔。

第二讲

制曲技术创新

一、大曲立体发酵技术专用发酵房的设计与制造

大曲生产过程中，发酵房作为曲坯菌发酵的场所，其保温、保湿及通风效果对大曲的质量有关键性的影响。传统的发酵房（见图7）采用平房，配以门窗，房间面积约30 m^2。发酵过程通过开关门窗控制发酵房内温度及湿度，以达到发酵的工艺要求。这种发酵方式有以下几大缺点：

（1）操作烦琐。发酵房通风性强，因而曲坯发酵过程水分散失快，需要将糠壳作为支撑物、稻草作为覆盖物，安曲过程中需要向稻草喷洒补水来减少水分的散失。

（2）土地利用率低。发酵房单间面积小，需要的墙体、发酵房门前的通道、窗户背后人员操作通道增多，有效面积减少。

（3）发酵房门前积水多。特别是冬季，曲坯发酵产生的水蒸气极易在发酵房门前形成大量积水，影响工作环境。平房顶部由于发酵产生的水

蒸气遇冷易结露，冷凝水下滴至覆盖物表面，造成稻草上水分过大从而影响发酵质量。

图 7　传统发酵房

1. 大曲立体发酵技术专用发酵房的设计原理

大曲立体发酵技术专用发酵房（见图 8）的设计原理主要基于微氧环境制曲技术（该技术由泸州老窖于 2003 年率先提出并推广应用），其核心内容为通过控制培菌发酵期发酵房内的空气流动速度，在空气流动速度减慢的情况下，曲坯水分散失速度也减慢，从而达到提升大曲质量的目的。微生物生长繁殖不断消耗氧气，同时释放二氧化碳，温度的升高也导致曲坯水分不断蒸发并形成水蒸气，曲坯环境氧气浓度显著降低，此时发酵房内环境与外部环境形成低浓度向高浓度渗透的逆向空气流向，空气流动速度减慢。

2. 大曲立体发酵技术专用发酵房的设计

为了提高土地利用率、控制空气流动方向以及防止露水反滴，采用如下的解决方式：

（1）增加发酵房长度。在原有发酵房的基础上，长度增加，室内面积增加，房间单体呈长方体，从而节约占地面积，减缓发酵房内空气流动，有利于形成微氧环境。

（2）内部采用坡屋顶＋清水隔墙设计。屋顶采用食品级不锈钢面板制成，由屋顶直接倾斜到墙边，墙面两侧设计排水沟。不锈钢易传热，发酵过程产生的热量使得屋顶长期保持温热状态，而采用该方式制作的坡屋顶既不易结露，又可引流冷凝水，防止反滴在曲坯上。

（3）设置专用排潮口及进气口。根据空气动力学原理，设置专用排潮口及进气口，配合传统门窗，使其在较短时间内排出房间内的潮气并引入外部环境新鲜空气，在实现排潮降温的同时，及时补充适量氧气，在房间内形成微氧发酵环境，为各类功能性微生物的生长繁殖创造适宜条件，促进大曲中酶类物质的生成及风味物质的代谢，最终提升大曲质量。

（a）发酵房内部　　（b）异型窗及采光窗

图 8　大曲立体发酵技术专用发酵房

3. 大曲立体发酵技术专用发酵房的运行效果

泸州老窖大曲立体发酵技术专用发酵房于2020年建成投用，成效明显，大曲质量稳定提高。由于房间保湿性好，曲块皮张薄，菌丝生长好，大曲糖化力提高22%，液化力提高36%，酯化力提高11%，发酵力提高30%，成曲率提高2%，优质曲率达到100%。同时，冷凝水通过排潮窗收集到污水池，实现了绿色环保的目标。

二、大曲立体发酵技术

1. 大曲立体发酵技术原理

大曲立体发酵技术，即采用楼盘式、多层曲架，通过专用发酵房及曲架，实现大曲立体发酵。楼盘式，即设计多个楼层，发酵房左右及上下相关联，利用大曲发酵过程产生的生物热加热墙体，使得左右发酵房墙体及上层发酵房楼板保持温热状态，为曲坯提供自然的保温效果，从而为微生物生长提供合适的温度。多层曲架则是让各个曲坯之间有一定间隙散热，结合自行设计的专用发酵房，单个发酵房内空气流动缓慢，减缓了水分散失，保证曲坯的品温符合工艺要求，最终实现大曲品质的提升。

2. 大曲立体发酵曲架设计

传统的大曲生产（见图 9），采用糠壳作为支撑物，使曲坯底部既透气，又能实现支撑曲坯的作用；采用稻草作为覆盖物，减缓曲坯水分散失，为曲坯提供保温效果。由于曲块直接堆码会导致散热不通畅，一般大曲生产仅能堆码一层，土地利用率极低。为了提高土地利用率，后续又演变为通过钢架支撑竹板，利用稻草等物覆盖，可将层数提高到 4~6 层。但竹板和覆盖物属于易耗品，由此带来固废处理难题。此外，在翻曲过程中，环境高温高湿，工人劳动强度大，不能充分保障其职业健康，工作环境条件亟待改善。

为解决上述问题，合理设计发酵房的高度及宽度，可以采用食品级不锈钢制成的多层架式曲架（见图 10），每一层为活动单元，可拆卸、组装。

由于同一发酵房曲块数量增多，微生物发酵过程不断释放的热量使得曲架长期保持温热状态，结合专用发酵房，能够保持曲块发酵所需的温度及湿度，因此无须覆盖物，减少了固废的产生。

图 9　大曲传统发酵模式

图 10　曲架

大曲立体发酵技术于2020年在泸州老窖应用，运行至今成效明显。

通过设计的专用发酵房及曲架，结合微氧环境大曲发酵原理，曲坯发酵过程水分散失缓慢，满足了大曲发酵过程各阶段微生物生长所需的温度、湿度、水分、氧气；成功取消了曲坯发酵过程中的支撑物和覆盖物，消除了火灾安全隐患，保障了职工的职业健康，避免了固废的产生；单位面积曲坯数量增加8倍，极大地提高了土地利用率。

在此发酵模式下，大曲培菌发酵期间无须收堆、合拢、翻曲，极大地提高了生产效率，降低了劳动强度，改善了工人劳动环境。房间保湿性好，曲块皮张薄（见图11），菌丝生长好，优质曲率达到100%。

（a）立体发酵技术大曲

（b）传统发酵技术大曲

图 11　大曲

第三讲

酿造技术创新

一、浓香型白酒酿造配料

浓香型白酒酿造受多种因素影响，如窖池窖龄、微生物种类和数量、糟醅性质、配料情况、大曲质量等。其中，配料可根据实际情况在当排做出调整，其他因素多为客观存在，不易将其改变。因此，大多情况采用调整配料来满足糟醅发酵条件。配料的正确与否，很大程度上决定了发酵质量的好坏，进而影响基础酒的产量和质量。通过多年的实践经验与试验研究，笔者总结了一套浓香型白酒酿造配料工艺技术。

1. 糠壳使用原则

（1）生产季节不同的用糠原则

一般把全年生产分为旺季（1月、2月、3月、4月、5月、12月）、淡季（7月、8月）、平季（6月、9月、10月、11月），旺、淡、平三季用糠量百分比一般为：旺季23%~25%，淡季18%~20%，平季20%~23%。

（2）酒糟酸度大小不同的用糠原则

酒糟酸度大时多用糠，酒糟酸度小时少用糠。增加 3 个百分点左右的糠壳可降低 0.1 个酸度。如果酸度大、残余淀粉高，可采取适当加糠的措施。

（3）酒糟残淀不同的用糠原则

酒糟残余淀粉高（糟醅现腻）多用糠，酒糟残余淀粉低（糟醅现糙）少用糠。

（4）酒糟含水量不同的用糠原则

酒糟含水量大，用糠量宜大；酒糟含水量小，用糠量宜小。此种用糠原则适用于蒸馏取酒，是一种被动的办法，最好是加强滴窖降低酒糟水分，使酒糟含水量适宜。

（5）粮粉粉碎度不同的用糠原则

粮粉粗少用糠，粮粉细多用糠。

（6）窖内酒糟纵向分布不同的用糠原则

底层糟多用糠，上层糟少用糠。一般以中层

为基准，底层多用1个百分点，上层少用1个百分点。

2. 糠壳使用注意事项

（1）糠壳应新鲜，无霉烂变质，无重金属残留，无异味。

（2）注意体积和质量相结合。糠壳粗细不同，密度不一致，体积不一致。尤其在使用细糠时，不应只考虑其质量，而应着重考虑其体积与粗糠相同。

（3）坚持熟糠配料。将生糠进行清蒸处理，使之成为熟糠后投入生产。

3. 糠壳用量与产酒的关系

用糠量大易操作，基础酒产量有保证，但酒糙辣且淡薄。用糠量小，滴窖、拌料、蒸馏都不易掌握，操作不当就会影响出酒率，如其他条件适合，操作细致得当，产量和质量就会好。在保证酒糟不腻的情况下，尽量少用糠，以提高基础酒的产量和质量。

通过笔者带的研究生杨贵的研究成果《泸型酒酿造时空特性及配料研究》，结合残糖、残淀和淀粉利用率、出酒率、糟醅风味、基酒风味以及感官品评结果，现提出各季节配料建议：春季建议用糠量为 24%~26%；夏季建议上层和中层用糠量小于 20%，下层用糠量为 20%~22%；秋季建议用糠量为 22%~24%；冬季建议用糠量为 25%~27%。当然，这不是绝对统一的，各个酒厂应根据自己的生产工艺特点、自然环境、设备条件等找出各自的适宜数据以指导生产。

二、基于在线检测技术的配料模型构建

发酵结束后举行的糟醅感官鉴定会为泸州老窖首创，一般在开窖时举行。开窖鉴定分为三阶段：首先窖池管理人员汇报该窖池发酵情况；其次车间管理员针对糟醅进行感官鉴定，并结合上

排发酵完成后糟醅的理化数据，分析上排糖化发酵情况、产酒率和基酒质量等情况；最后根据分析情况确定本排配料和技术措施等。

1. 感官鉴定糟醅的基本方法

（1）眼观、手捏出窖糟，鉴定形态

正常出窖糟形态常用术语：肉实肥大、大颗、泡气、疏松适宜、有骨力、不刺手、有弹性、柔熟等。

（2）眼观出窖糟，鉴定颜色

正常出窖糟颜色常用术语：鲜猪肝色、黑褐色、棕褐色、猪肝色、敞风不变色、红润等。

（3）手捏出窖糟，鉴定含水量

正常出窖糟含水量常用术语：指缝鼓细泡、柔湿利朗、有含水量、润粮粮粉能转色、水分在60%左右等。

（4）鼻闻出窖糟，鉴定香气

正常出窖糟香气常用术语：浓香醇厚，窖香

悠长，醇香浓郁，有酒香、酒味等。

（5）口尝出窖糟，鉴定酸度

正常出窖糟酸度常用术语：酸度适宜，不刺舌头，酸度在 2.0~4.0mmol/10g 范围内。

2. 糟醅理化检测方法

糟醅是基础酒酿造过程中重要的物质载体，其发酵质量的好坏主要受高粱、糠壳、大曲、温度、水分、酸度、淀粉、配糟等八大因子的综合影响。对出窖糟醅水分、酸度、淀粉浓度等指标进行分析检测，可为精准配料提供科学参数。

糟醅理化检测采用人工检测的方式。分析检测人员按照国家标准对酸度、淀粉含量、水分含量等指标进行检测，最后将分析检测结果反馈给酿酒技术人员。

3. 问题描述

（1）主观性强、标准不统一、无法定量分析。糟醅感官鉴定主要依靠酿酒技术人员自身经验，容易受个人实践经验的影响，同时感官特征描述是笼统、模糊的，还有鉴定现场的温度、湿度变化均会影响鉴定结果。

（2）检测结果数据反馈滞后，不能及时指导生产。糟醅理化检测的工作量大、工序多、耗时长，待检测结果反馈至车间，车间已完成该窖池的入窖工作，造成酿酒技术人员参考检测结果配料的工作滞后，未能实时指导生产配料。

4. 解决措施

针对上述问题，笔者以解决检测反馈滞后和配料标准化程度低为目标，开发了一种基于糟醅在线检测、体积在线测量技术的精准配料方法。

（1）糟醅理化在线检测

采用近红外光谱分析技术，通过 NIRWare Opreator 软件采集每个样品，同时结合人工检测结果数据，建立糟醅酸度、淀粉浓度、水分含量在线检测模型并持续修正。完成建模后，抽取一定比例的后期近红外检测样品，进一步验证所建立模型的预测效果，模型预测整体可靠。模型参数计算方法如下：

$$R^2 = \left(1 - \frac{\sum_{i=1}^{n}(Y_S - Y_C)^2}{\sum_{i=1}^{n}(Y_S - Y_P)^2}\right) \times 100\%$$

预测标准偏差 RMSEP：

$$\mathrm{RMSEP} = \sqrt{\frac{\sum_{i=1}^{n}(Y_S - Y_C)^2}{n}}$$

式中：R^2——决定系数；

n——样本个数；

Y_S——样本的理化分析数值；

Y_C——样本的近红外预测值；

Y_P——样本理化分析数值的平均值。

（2）糟醅体积在线测量技术

采用深度成像的体积测量技术，利用主动式深度相机对糟醅体积进行 3D 扫描建模（见图 12），生成高密度点云，并计算其体积，实现对酒糟体积的高速、无接触、精确测量。

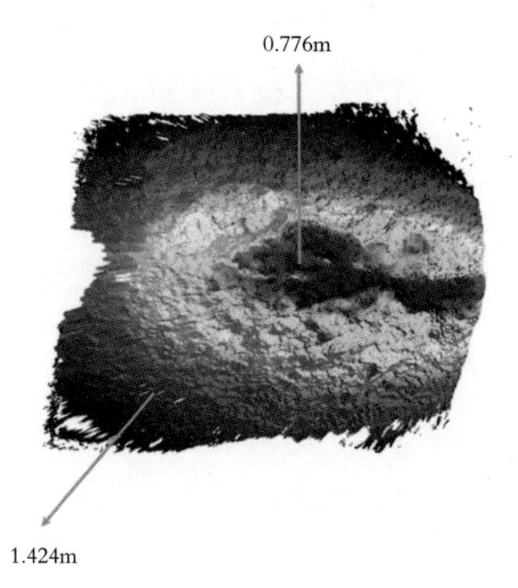

图 12　酒糟表面轮廓俯视图

（3）智能配料

通过计算机视觉技术，将人工视觉描述的糟醅色泽、均匀程度与疏松度等经验语言，转化为计算机视觉的定量化指标，统一糟醅评定的标准；以机器深度学习一年四季配料工艺参数：

糠壳、润粮水、量水、温度等，并结合一年四季环境变化和产品质量数据建立配料模型；以粮糟最佳入窖条件为标准，结合在线测量数据，以大数据模型精准控制配料参数，最终实现精准配料智能决策（见图 13）。

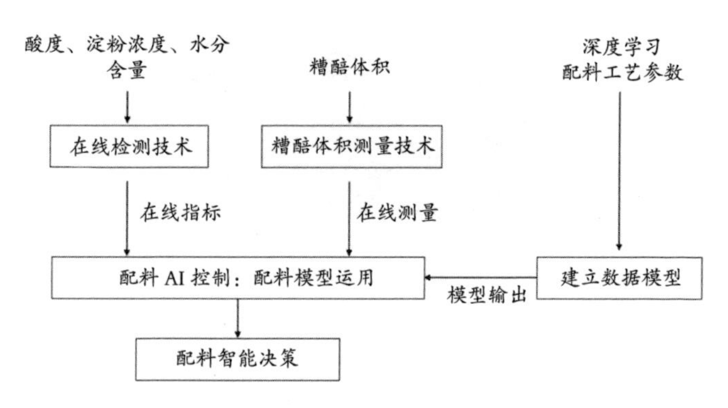

图 13　基于在线检测技术的智能配料结构图

5. 实施效果

采用近红外技术、计算机视觉等现代技术，实现全年各季节糟醅的在线、无损、批量检测，提高检测的时效性，同时糟醅体积测量误差小，稳定性好，可靠性高，在此基础上建立多维度定量评价指标和智能配料系统。智能配料系统应用结果表明，配料决策算法在配料环节的决策值相对误差小于 2%，配料决策值变化趋势与经验丰富的人工决策值一致。

第四讲

窖泥品质提升关键技术

一、一种窖泥精准取样装置

目前，窖泥取样通常采用无菌不锈钢勺在窖池中挖取窖泥，不能保证取样截面和取样深度统一。尤其是需采集多点样品来对比研究时，取样量、取样面积、取样深度等参数无法准确计量，致使窖泥理化、感官、微生物群落等检测结果差异较大。此外，在窖泥微生物群落的研究中，目前的取样工具缺乏有效的防污染措施，容易造成样品污染，进一步增大实验误差。因此，笔者设计了一种能够精准定量取样重量、取样深度，且可有效避免取样环节样品污染的窖泥取样装置，可以统一取样标准，减小实验误差，为精准取样、精准分析研究奠定重要基础。

1. 窖泥取样装置的设计与制造

过去，取浅层窖泥通常采用不锈钢勺（见图 14）在窖壁表面挖取所需的窖泥量，只能估算取样面积和取样深度。深层窖泥采用窖泥取样器（见图 15），能够测量取样深度，但取样口与外界相通，样品易污染、出样易变形，不便清洗；手动按压旋转取样器，深层窖泥取样按压困难；取出的样品零散，不便于观察窖泥在生产使用过程中颜色、气味等的变化情况。

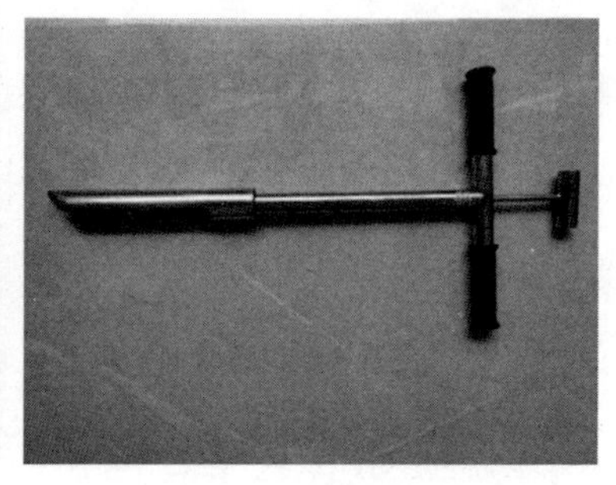

图 14　不锈钢勺　　　　图 15　窖泥取样器

为了解决以上问题，笔者提出了窖泥取样装置设计思路：整体采用统一直径，保证取样截面一致；取样装置外壁标注刻度，用于测量取样深度；取样装置有独立的储样腔体，保证样品与外界有效隔离，防止污染；取样装置后端附加动力设备，减小深层取样的手动用力程度；取样后，使用助推器确保完整取出样品，有利于比较不同深度窖泥的感官差异。

（1）窖泥取样装置设计

窖泥取样装置整体采用食品级不锈钢制作，包含旋转动力装置、后盖、储样腔体、前盖、切样刀片、出样助推器。旋转动力装置能与后盖可靠连接；前盖、后盖能与储样腔体可靠连接；切样刀片能与储样腔体可靠连接；出样助推器用于取出储样腔体内部的样品。

取样装置整体为圆柱形，前盖与后盖剖面为半椭圆形。后盖倒三角形条状凹槽与旋转动力装置连接头嵌套连接；后盖内侧有两个以盖中心对称的L形凹槽，能与储样腔体端部以腔体中心对称的两个凸起嵌合；前盖内侧有两个以盖中心对称的凸起，能与储样腔体前端对称的竖向凹槽嵌合；储样腔体外壁设有刻度，用于计量取样深度；储样腔体外壁设计为磨砂表面，便于样品标记；储样腔体前部设计为由厚变薄的环刀刀刃，刀刃根部有嵌合切样刀片的凹槽；切样刀片端部有与储样腔体嵌合的圆形凸起，刀片与所取窖泥表面夹角为 45°～60°；出样助推板由圆形面板和条形手杆组成；圆形面板由橡胶套有效包裹；套好橡胶圈的出样助推板外沿直径略大于储样腔体，且能有效穿过储样腔体。所有部件均可安装和拆卸（见图 16～图 19）。

（2）窖泥取样装置使用方法

①沿后盖凹槽将储样腔体后部凸起，先竖向移动，再横向顺时针旋转滑动锁紧，关闭后盖。

②切样刀片沿储样腔体内部凹槽先竖向移动，再横向顺时针旋转，至凹槽端部旋转到位。

③前盖内壁凸起，对准储样腔体外壁凹槽由下往上滑动锁紧，关闭前盖。

④将取样器及出样助推器高压蒸汽灭菌。

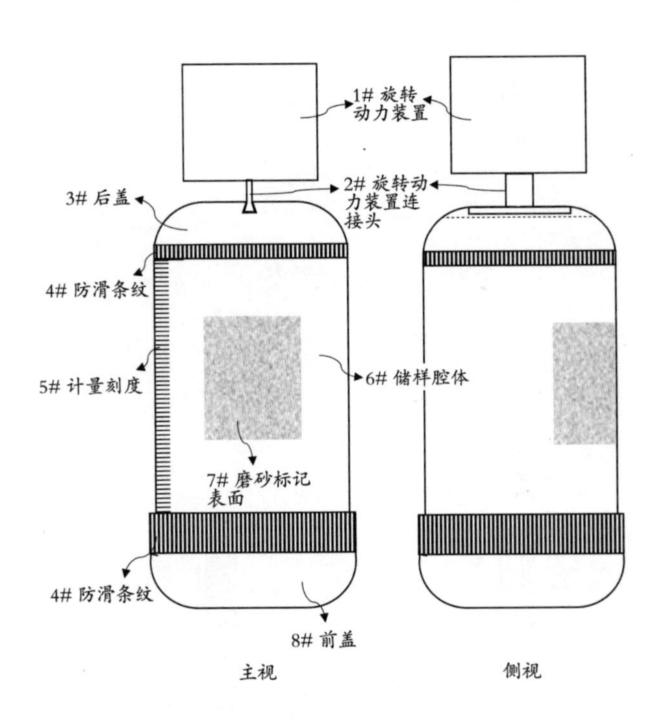

图 16 窖泥取样装置主视及侧视图

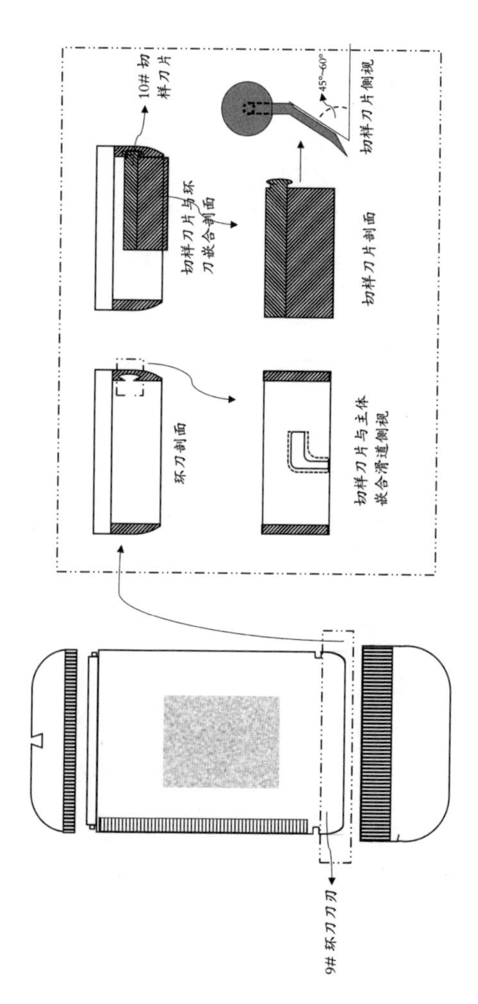

图 17 窖泥取样装置环刀刀刃、切刀及连接部位放大图

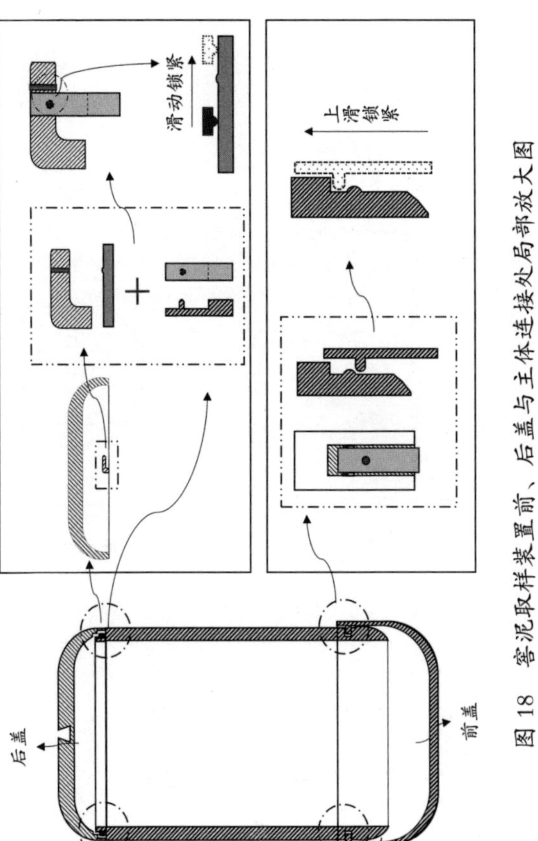

图 18　窖泥取样装置前、后盖与主体连接处局部放大图

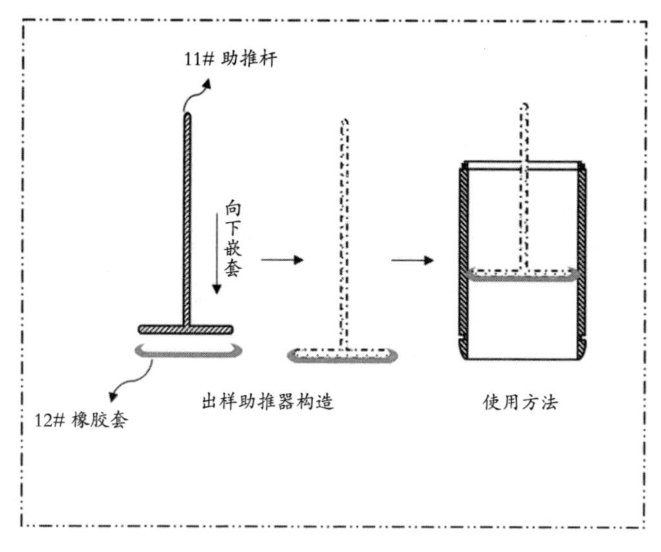

图 19　出样助推器构造及使用方法

⑤沿倒三角凹槽侧面装上旋转动力装置连接头，打开灭菌完的取样器前盖，将取样器切刀端垂直于窖泥表面，开启旋转动力装置，达到所需取样深度后拔出取样器，盖上前盖。

⑥分离取样器与旋转动力装置，擦净取样器表面附着的窖泥，做好样品标记，即可进行样品保存。

⑦在实验室无菌操作台，打开前、后盖，取出切样刀片，用出样助推器取出样品，即可进一步做样品处理和保存。

⑧洗净装置备用，使用前灭菌。

2. 窖泥取样装置应用效果

由于窖泥内部深度不同，理化指标和微生物群落结构差异较大，通过控制取样面积和取样深度，能够有效保证样品中不同深度的窖泥比例一致，从而减小分组内单个样品之间检测结果的差异，增大组间差异，从而利于在窖泥研究中发现规律。

图 20 中虽然 A 组与 B 组两组窖泥样品检测的 pH 值的平均值相近，中位数差异小，但 B 组内样品数据分布差异相对较大，当进行多组样品比较时，B 组数据分布将降低组间 pH 值的差异程度，而 A 组数据更能反映窖泥 pH 值的实际情况，更具规律性。

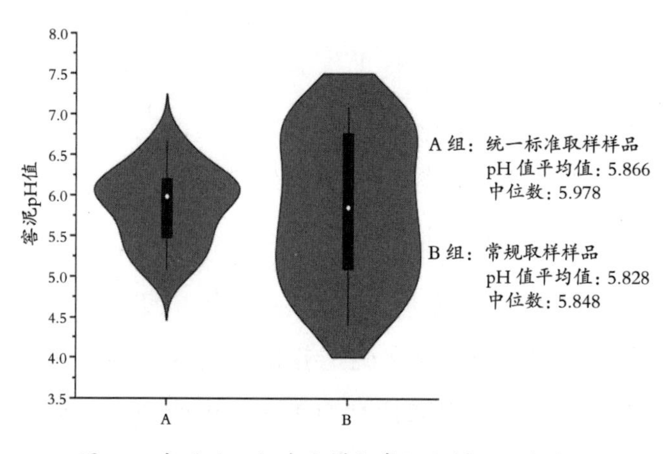

图 20　窖泥统一标准取样与常规取样 pH 值对比

二、窖泥质量综合评价体系建设

窖池是浓香型白酒的发酵设备，窖泥质量是影响浓香型白酒质量的关键。目前主要依靠感官判断窖泥质量，评价者需要有一定的实践经验且受主观因素影响较大，缺乏统一完善的标准，不利于窖泥的养护和基础酒质量的提高。窖泥质量指标包括感官指标、理化指标和微生物指标等，每个指标下又分为若干小指标。只有综合以上指标，建立科学全面的窖泥质量评价体系，才能真实准确地反映窖泥质量，从而对人工窖泥的老熟和窖池养护起到促进作用。

笔者运用层次分析法对窖泥质量评价指标进行整合，筛选合适的评价指标，构建层次模型（见图 21），科学确定各指标的权重值，再结合模糊数学法来评估窖泥质量，由此使窖泥质量评价进入了从定性到定量的新时期，对科学、客观、全面建立窖泥标准具有重要意义。

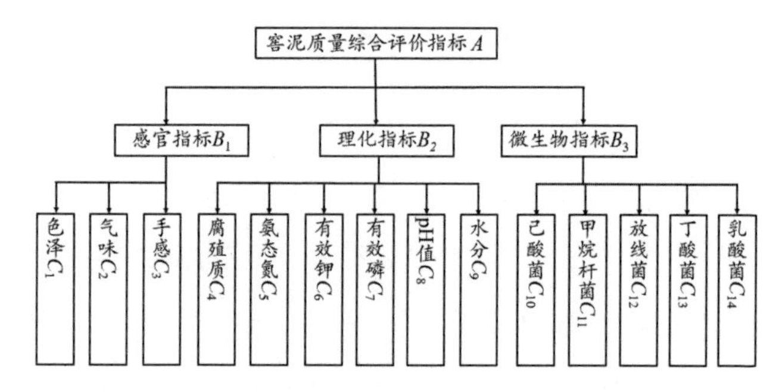

图 21　窖泥质量综合评价指标体系层次结构模型

1. 窖泥质量综合评价指标的构成

（1）感官指标：窖泥的色泽、气味、手感。

（2）理化指标：窖泥的腐殖质、氨态氮、有效钾、有效磷、pH 值、水分。

（3）微生物指标：窖泥中的己酸菌、甲烷杆菌、放线菌、丁酸菌、乳酸菌。

2. 构建矩阵模型

分别构造第一层次和第二层次判断矩阵 $\boldsymbol{P}$，见表 1~ 表 4。

表1　A：（B_1 B_2 B_3）

A	B_1	B_2	B_3
B_1	1	1/7	1/7
B_2	7	1	1
B_3	7	1	1

表2　B_1：（C_1 C_2 C_3）

B_1	C_1	C_2	C_3
C_1	1	1/5	1/4
C_2	5	1	3
C_3	4	1/3	1

表3　B_2：（C_4 C_5 C_6 C_7 C_8 C_9）

B_2	C_4	C_5	C_6	C_7	C_8	C_9
C_4	1	3	5	5	1	1/3
C_5	1/3	1	3	3	1/5	1/7
C_6	1/5	1/3	1	1	1/5	1/7
C_7	1/5	1/3	1	1	1/5	1/7
C_8	1	5	5	5	1	1/3
C_9	3	7	7	7	3	1

表 4 B_3:（C_{10} C_{11} C_{12} C_{13} C_{14}）

B_3	C_{10}	C_{11}	C_{12}	C_{13}	C_{14}
C_{10}	1	5	7	7	6
C_{11}	1/5	1	4	4	3
C_{12}	1/7	1/4	1	1	1/3
C_{13}	1/7	1/4	1	1	1/3
C_{14}	1/6	1/3	3	3	1

3. 求解特征向量 *W*

根据方根法求解特征向量 ***W***。通过归一化求得第一层次 ***A*** 的指标权重，见表 5。

表 5 指标体系第一层次指标权重

指标	权重
感官指标	0.08
理化指标	0.46
微生物指标	0.46

4. 一致性检验

运用公式 $CR=CI/RI$，$CI=(\lambda_{max}-n)/(n-1)$ 进行检验。经检验，***A*** 的权向量合适。同理，计

算第二层次的指标权重见表6。经检验，B_1、B_2、B_3的权向量合适。

表6　指标体系权重集合

目标层	第一层次指标	第二层次指标
窖泥质量综合评价指标体系（A）	感官指标B_1（0.08）	色泽（0.1）
		气味（0.62）
		手感（0.28）
	理化指标B_2（0.46）	腐殖质（0.19）
		氨态氮（0.08）
		有效钾（0.05）
		有效磷（0.05）
		pH值（0.21）
		水分（0.42）
	微生物指标B_3（0.46）	己酸菌（0.55）
		甲烷杆菌（0.21）
		放线菌（0.06）
		丁酸菌（0.06）
		乳酸菌（0.12）

5. 模糊数学模型求解

根据构建的指标体系，对需要评估的窖泥进行专家评分，得到专家评分矩阵以及各指标权重

$\boldsymbol{Q}$之后，可以得到窖泥质量的评价向量$\boldsymbol{E}$。

$\boldsymbol{E}=\boldsymbol{D}\times\boldsymbol{Q}=[E_1, E_2, E_3, E_4, E_5, E_6, E_7, E_8, E_9, E_{10}, E_{11}]$

E_1，E_2，E_3，E_4，E_5，E_6，E_7，E_8，E_9，E_{10}，E_{11}是最终评语隶属度，分别代表一级、二级、三级、四级、五级、六级、七级、八级、九级、十级、十一级。根据最大隶属度原则，可以确定评估结果属于哪一级，即得到评估窖泥质量的具体级别。

6. 具体应用

选取不同质量等级窖池，由多名经验丰富的酿酒师傅对窖泥进行感官评价，并结合理化和微生物检测数据，对各指标进行评分并构建评分矩阵。根据评分矩阵将窖泥质量进行模糊运算，计算出窖泥质量等级；将窖泥质量评价与窖池档案记录以及产酒质量比对，结果一致，验证了模型的科学性和适用性。

总之，运用层次分析法和模糊数学法将窖泥质量评判因素定量化，降低了评估的主观性，为窖泥质量的进一步提高提供了理论依据。

第五讲

酒体设计技术创新

一、基础酒精细化管理

酒体设计是指结合市场需求，按照产品的风格特征和质量标准，对各类型基础酒进行分析、检测、尝评，确定其量比，进行统一设计，使之形成风味特征产品的过程。它贯穿了从原粮品质、基础酒定级、储存、勾调组合到包装在线监控的整个生产过程。酒体设计工序主要包括尝评、组合、调味三部分，它们是一个不可分割的有机整体。尝评是组合和调味的先决条件，是判断酒质的主要依据；组合是一个组装过程，是调味的基础；调味则是掌握风格、调整酒质的关键。

中国白酒具有独特的生产工艺，从酿酒原料、制曲、发酵、蒸馏等工艺条件来看，受客观条件和工艺本身各种因素的制约，每一轮次生产出来的基础酒在感官特征、酒体风格、理化指标上均存在较大的差异。要解决上述问题，除规范工艺，从源头上控制好基础酒的质量，确保基础酒品质的稳定和提高外，还需对基础酒进行科学分类，根据不同风格特色分类储存，设计出满足市场的好产品。

1. 建立基础酒精准分级体系

根据基础酒的质量等级，结合理化数据，进行综合定级，分为特级、优级、一级、二级等几大类别，基础酒根据定级结果分级储存。

以往基础酒质量分级工艺较为粗略，难以精准匹配基础酒的特征。一般按同一质量等级，将不同糟源、不同车间、不同季节、不同窖龄的窖池所产的酒组合在一起，难以直观反映基础酒的风格特征，不利于后续的组合和酒体设计。

目前，泸州老窖建立了基础酒精准分级体系，根据糟源类别、车间、季节、窖龄，实施分级分类储存。酒源根据其口感特征，细分了窖香和醇甜等类别；根据季节，分为春酒、夏酒、秋酒、冬酒。通过实施分级分类储存措施，极大地丰富了基础酒品类，为批量产品设计提供了便利，更为新产品研发提供了设计空间。

2. 创建基于时间维度的基础酒数据库

泸州老窖基础酒库存数量庞大、类别多样，同时基础酒在储存过程中，因各种物理、化学变化，口感也会发生变化，因此其首次组合入桶时的感官评语已不能准确反映当时的酒体风格特征。酒体设计人员在选酒时需重新取样进行品评，工作量大，效率低，并且重复率高。

热季停产期间，泸州老窖组织尝评人员开展基础酒普查工作，组织尝评人员进行品评，同时进行理化色谱分析，更新其感官评语和理化色谱数据。基础酒普查工作更新了酒源身份信息，优化了库存结构，增强了尝评员对各等级、各类别酒源在不同储存期的认识，使尝评员更加准确地掌握了公司的酒源构架，为酒源保障、组合、新产品研发打下坚实的基础，为产品质量稳定提供了可靠保证。

3. 创建感官尝评辅助指导酿酒生产调控机制

不同季节环境温湿度差异较大，空气、糟醅中的微生物种类、数量不同，因而糟醅发酵情况也存在差异，所产的酒也各具特色（见表 7）。

表 7　不同季节酒体风格特征

投粮月份	发酵特点	发酵期	蒸馏取酒月份	酒体风格特征	
3 月	气温、湿度适宜，微生物种群丰富，升温发酵较快，香味物质生成种类和数量众多	≥ 90 天	6 月	夏酒	浓郁、绵甜、爽净、风格突出
6 月	气温高、湿度大，微生物生长活跃，利于生酸生香，出酒率低、香味成分丰富	≥ 90 天	9 月	秋酒	丰满、醇厚、风格典型
9 月	气温较高，湿度较低，微生物数量繁多，有利于升温，发酵、生香速度适宜	≥ 90 天	12 月	冬酒	醇甜、浓郁、味绵长
12 月	气温较低，湿度较低，微生物生长繁殖缓慢，发酵生香平缓	≥ 90 天	3 月	春酒	粮食香气好、醇甜、爽净

通过研究各季节酒的风格特征，创建出一套适应不同排次的酿酒生产调控机制：根据不同季节气候和温湿度，适时调控入窖条件和工艺措施，保证微生物发酵条件适宜，充分发挥各季节所产酒的长处。例如，6 月糟醅入窖时气温高、湿度大，微生物生长活跃，利于生酸生香，因此 9 月、10 月酿酒时，生产的基础酒具有丰满、醇厚、风格典型的特点。但是，如果入窖糟淀粉浓度高，生酸微生物繁殖旺盛，容易导致所产酒的有机酸含量过高，酒酸味较大。因此，每年 6 月，适量减少粮食用量，降低入窖糟淀粉浓度；适量减少酿酒辅料用量以及整窖密踩，降低入窖糟氧气含量，保证糟醅的良好发酵，使秋天酿的基础酒具有丰满、醇厚的特点，并有效避免了酒中有机酸含量过高的情况发生。

同时，泸州老窖首创了尝评员深入酿酒班组，辅助上甑工量质摘酒工作，针对不同窖龄的窖池和糟醅发酵情况同酿酒班组长确定摘酒方案，窖龄长、糟醅发酵情况好的窖池适当提高二段酒摘取比例，使得优质酒率得到较大提升。

二、白酒品评与组合方法优化创新

1. 品评方法优化

品评不仅是一门技术，更是一门艺术。到目前为止，品评还不能被任何分析仪器所替代，所以提高品评能力一直是各酒企人才培养的重点。通过多年的实践与积累，笔者优化出一套白酒品评方法，为尝评人员提供参考借鉴。

（1）点线面体品评法：每杯白酒是一个个体，看成点；同一个厂家、风格不同的酒连成线；将不同厂家、同一香型的酒再形成一个面；不同的面组成 12 香型白酒的体系。当闻到一杯酒，你可以在这个体系的面、对应哪一条线、具体哪个点上作出区分与联系。

（2）层次结构法：白酒是由多种香味组成的复合香味体系，可分为不同的层次、结构，根据某种香味的强弱程度不一样，将其中的复合香味分解成多个单一的具体气味，作感官定性并给予量化。

（3）记忆法，包含以下多种方法：

①思维导图法：大脑中构建一棵大树，大树再分支成 12 根树枝，对应 12 种香型，每根树枝再分支成不同的树枝对应不同香型、不同厂家、不同档次的酒样（见图 22）。

②楼层房间记忆法：设置属于自己的记忆模型，将该模型与自己熟悉的一栋楼联系起来，每层楼有多个房间，尝评员可以走进任意一层楼、任意一个房间，推开门去寻找自己熟悉的味道（见图 23）。

③联想法：将每杯酒的品酒描述语，联想到日常生活中熟悉的物体香气和口味来加强记忆，

香型
1.浓香型
泸州老窖
最好 感官描述
较好 感官描述
一般 感官描述
次一点 感官描述
较差 感官描述
洋河
最好 感官描述
较好 感官描述
一般 感官描述
次一点 感官描述
较差 感官描述
五粮液
最好 感官描述
较好 感官描述
一般 感官描述
次一点 感官描述
较差 感官描述
剑南春
最好 感官描述
较好 感官描述
一般 感官描述
次一点 感官描述
较差 感官描述
古井贡
最好 感官描述
较好 感官描述
一般 感官描述
次一点 感官描述
较差 感官描述
水井坊
最好 感官描述
较好 感官描述
一般 感官描述
次一点 感官描述
较差 感官描述
沱牌舍得
最好 感官描述
较好 感官描述
一般 感官描述
次一点 感官描述
较差 感官描述
12.米香型
桂林三花
九江双蒸米酒
全州湘山
11.凤香型
西凤
10.兼香型
白云边
9.豉香型
玉冰烧
8.芝麻香型
景芝白干
7.馥郁香型
6.清香型
汾酒
红星二锅头
牛栏山
宝丰
江小白
5.酱香型
茅台
郎酒
习酒
4.老白干香型
衡水老白干
3.药香型
董酒
2.特香型
四特酒

图 22 思维导图法模型

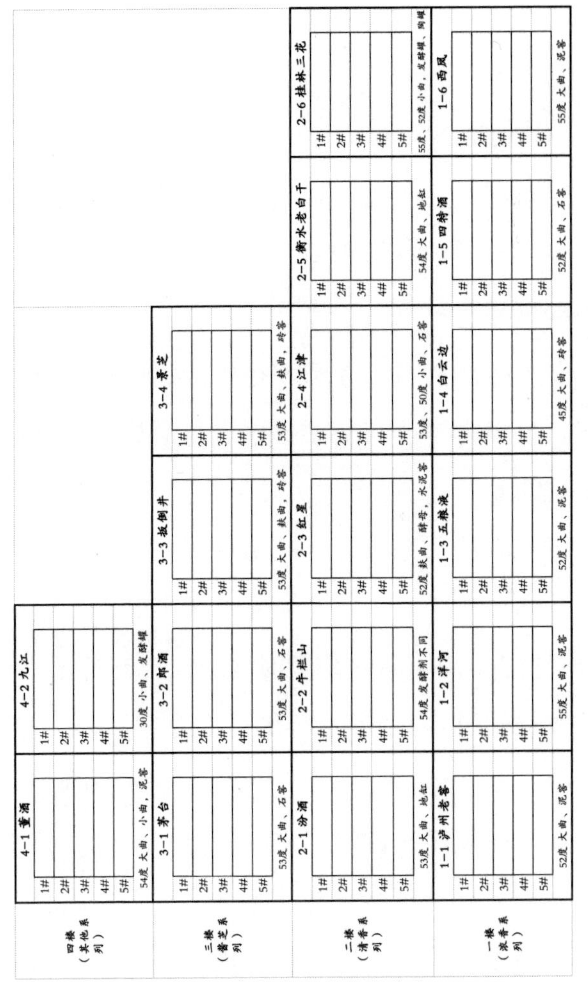

图23　楼层房间记忆法模型

如浓香型白酒带有菠萝的水果香、米香型白酒带有玫瑰花香。

（4）技巧法，包含以下几种方法：

①归零法：每闻一杯酒前，先闻一杯无香味的水，将自己的感官归零，更好地比较差异较小的不同酒品。

②无序法：将已经暗评排序的酒样再次打乱序号，反复排序，与初始排序进行对比，验证自己品评的差异。

③屏气法：先将废气吐出后屏住呼吸，把鼻子放在离评酒杯 1~3cm 处停留 2s 左右，然后吸气闻香，使香味在鼻腔中停留时间更长、更充分。

④空杯闻香法：将酒样倒进备用的空杯中，闻空杯的香气。此法较适合于香型、质差等的判断。

⑤两杯乱序盲评法：将两杯比较相似的酒样乱序盲评，反复排序，与初始排序进行对比，验证自己品评的差异。此法较适用于区别两两相近

的酒样。

（5）细品法，包括以下步骤：

一是初评。一轮酒样嗅闻香气以后，从香气小的开始尝评。入口量布满舌面和能够咽下少量酒，酒样下咽后同时吸入少量空气，立即闭上嘴巴用鼻腔呼气，同时详细记录酒体感受。根据初评做出初次判断。

二是复评。重点对口味近似的酒样进行认真品尝比较，确定中间及酒样的口味顺序。

三是总评。在复评基础上，加大入口量，一方面确定酒的余味，另一方面可以对暴香、异香、邪杂味大的酒进行尝评，以便最终确定本次酒的顺序，写出确切酒评。

2. 基于数学模型创新组合工艺

组合是白酒生产中储存环节的重要工艺，提高白酒储存质量稳定性、降低酒体损耗一直是行业研究方向。笔者建立了理化指标、人工成本和时间成本三个因素的综合影响因素评价模型，以科学依据指导工艺减小酒体差异、稳定质量。

基于理化指标、人工成本和时间成本三个因素的综合影响因素评价模型，通过优化求解，得到组合工艺的最佳比例为 $M\%$。通过实验室模拟组合不同批次酒样和中试试验进行验证，结果显示新组合工艺的感官评分、总酸、总酯和己酸乙酯等各项指标比原组合工艺更加稳定，结果优于原组合工艺。这是因为单个勾调的酒体每次的差异是绝对差异，组合方式每次组合量为 $M\%$，相当于将单批次酒体的差异降低了 $1–M\%$；并且，酒体中始终有 $1–M\%$ 的酒滚动使用，便于酒体过程变化后的及时调整。综合酒样使用过程也是酒体储存老熟过程，增加了酒体的陈香，酒体感官质量、总酸、总酯和风味成分等指标更稳定。这项研究结果可应用于中国白酒组合工艺，对保证产品质量、减少批次间差异具有重要意义。

后 记

技术工人队伍，作为中国制造、中国创造的中坚力量，承载着国家发展的重任与希望。在这支队伍中，高技能人才以其卓越的技术能力和创新精神，成为推动科技创新、促进科技成果转化的关键力量。

作为长期致力于酿酒技艺研究与实践的一员，我深知自身肩负的责任与使命。在泸州老窖这片酿酒的沃土上，我与团队不断探索、创新，将传统酿酒技艺与现代科技相结合，推动白酒产业的绿色发展。

1993 年，22 岁的我大学毕业，怀揣着青春的梦想和对中国酿酒技艺的热爱，走进了泸州老窖。从那一年起，我便与酒城泸州这片土地、与中国白酒酿造这份事业结下了不解之缘。

初入泸州老窖时，我作为一名普通的酿酒工人，同工人师傅们一道，每天钻研着配料拌糟、蒸粮蒸酒、摊晾加曲、入窖发酵等工艺环节。那些时光，我沉浸在浓郁的酒香中，用心感受着每一道工序的微妙变化，努力将每一个细节做到极致。

泸州老窖酒传统酿制技艺，作为首批国家级非物质文化遗产，承载着中国工人独有的匠心与智慧。如今，作为一名已在酿酒行业耕耘三十余载的酿酒师，我深知要将这门技艺演绎得炉火纯青，绝非易事。

过去酿酒技艺的传承，很大程度上依赖于酿酒师的个人经验和感悟。经验是感性的，会因人而异，千差万别。不同的个体经验可能会导致判断不一，进而引发配料、生产操作上的差异，最终影响产品的产能和质量。因此，如何运用科学知识在感性与理性之间架起一座桥梁，将经验技巧变成可量化、可掌控的生产工艺，并不断总结工艺背后的科学原理，这是我和泸州老窖技术科研团队多年一直在思考和探索的。

近些年来，我们充分依托公司组建的国家固态酿造工程技术研究中心、国家级工业设计中心、国家博士后科研工作站等多个国家级、省级、市级科研平台，以及由我领办的张宿义技能大师工作室、张宿义劳模和工匠人才创新工作室，深入探索传统酿酒技艺的奥秘，将传统智慧与现代科技相结合，共同推动白酒产业的创新发展。这些科研平台成为我与团队攻坚克难、勇攀高峰的阵地。匠人、匠心、匠艺，就是要专注求精、科学务实、一心一意。在这里，我们历经三十余年的攻关努力，对传统白酒产业关键共性技术进行深入研究，不断推动科研成果的转化落地，取得了丰硕的成果。

“传承古法，纯粮酿造；创新驱动，智能酿造”，经过多年的科研攻克和努力，泸州老窖率先建成了行业内纯粮固态白酒酿造规模第一、酒曲产能第一、生态环保节能水平第一、智能化水平和获得专利数量第一，被誉为中国白酒“灯塔工厂”的黄舣酿酒生态园。这不仅是对我们辛勤付出的最好回报，更成为推动中国白酒行业迈入数智时代的有效实践。

在这个过程中，我深刻体会到传统酿酒技艺与现代科技相结合的巨大潜力。通过运用现代科技手段，成功将经验转变为可量化的数据，让传统技艺更加可控、更加精准、更加精湛。同时，我们也注重生态环境的保护和能源的节约，努力实现绿色、低碳、可持续发展。

今年，我有幸获得中国财贸轻纺烟草工会的推荐编写本书。本书被纳入“优秀技术工人百工百法丛书”，这不仅是对我个人工作的肯定，更是对我和团队多年努力的认可。这既是一种鼓励，也是一种鞭策，让我深感责任重大，使命光荣。

本书的编写，旨在梳理和提炼泸州老窖在酿酒工艺方面的科学研究与创新实践，特别是通过科学手段指导传统白酒的精准酿造，从而实现产品品质的提升。这一过程中，我们积累了一些实践经验和技术创新，希望这些成果能够供同行参考借鉴，共同推动中国酿酒行业的科技进步与产业发展。

在长期攻关研究中，我更加深刻体会到劳模精神、劳动精神、工匠精神的内涵与价值。在未来的工作中，我将一如既往带领团队以更加饱满的热情和更高标准的要求，继续弘扬劳模精神、劳动精神、工匠精神，发挥好示范引领作用，始终坚持产品品质立基，坚持产业创新发展，坚守匠心匠艺，不断提升技能水平和能力，为企业创造价值，为行业发展和社会进步贡献力量。

同时，我也希望这本书能够成为传承和发扬酿酒文化的一个重要载体，希望通过分享我的经验，能够激发更多年轻人对酿酒科技的热爱和追求，共同推动中国传统民族品牌的繁荣发展，为中华民族伟大复兴和中国制造崛起作出应有的贡献。

张宿义

2024 年 4 月

图书在版编目（CIP）数据

张宿义工作法：浓香型白酒品质提升 / 张宿义著.
北京：中国工人出版社, 2024. 9. -- ISBN 978-7-5008-8510-8

Ⅰ. TS262.3

中国国家版本馆CIP数据核字第2024FE2789号

张宿义工作法：浓香型白酒品质提升

出 版 人　董　宽
责任编辑　陈培城
责任校对　张　彦
责任印制　栾征宇
出版发行　中国工人出版社
地　　址　北京市东城区鼓楼外大街45号　邮编：100120
网　　址　http://www.wp-china.com
电　　话　（010）62005043（总编室）
　　　　　（010）62005039（印制管理中心）
　　　　　（010）62379038（职工教育编辑室）
发行热线　（010）82029051　62383056
经　　销　各地书店
印　　刷　北京市密东印刷有限公司
开　　本　787毫米×1092毫米　1/32
印　　张　3.375
字　　数　38千字
版　　次　2024年12月第1版　2024年12月第1次印刷
定　　价　28.00元

本书如有破损、缺页、装订错误，请与本社印制管理中心联系更换

优秀技术工人百工百法丛书

第一辑　机械冶金建材卷

优秀技术工人百工百法丛书

第二辑　海员建设卷

优秀技术工人百工百法丛书

第三辑　能源化学地质卷

100 ARTISANS AND 100
TECHNIQUES SERIES
孙同根
工作法
S Zorb装置
优化

100 ARTISANS AND 100
TECHNIQUES SERIES
王月鹏
工作法
基于绝缘平台的
绝缘杆作业法

100 ARTISANS AND 100
TECHNIQUES SERIES
王跃
工作法
滴定分析的
判断与控制

100 ARTISANS AND 100
TECHNIQUES SERIES
杨新海
工作法
车载移动测量技术
在实景三维成果
质量检验中的应用

100 ARTISANS AND 100
TECHNIQUES SERIES
杨义兴
工作法
油田修井现场
清洁生产
技术应用

100 ARTISANS AND 100
TECHNIQUES SERIES
游弋
工作法
煤矿供电系统
防晃电
设计与应用

100 ARTISANS AND 100
TECHNIQUES SERIES
余姝
工作法
高陡峡谷区
地质灾害调勘查